田代島ねこ便り

ねこ太郎

JN155087

田代島にゃん物紹介

ねこ太郎

田代島の観光大使（自称）。
島一番の人なつっこさと行動力があるオス猫。
ものおじしない性格すぎて、観光客に数々の暴言を放つ。
生来の放浪猫で、
島のいたるところに出没。
島で最も行動範囲の広い猫である。

クロエ

ねこ太郎の奥さん。
ねこ太郎を唯一叱りつけることのできる、
頼りになる存在だが、
美容室やネイルサロン通いなど
女子力アップにも余念がない。

ほくろちゃん

島一番の美猫と噂される女の子。
オカルトや都市伝説を信じる
天然不思議ちゃん。

はなこ
親戚の子猫の
子育てに忙しい、
教育熱心な猫。
エレナ・スコビッチ
自称、島一番の
スーパーアスリート猫。
マロ
平安貴族のような風貌と
独特の口調の平和主義者。
トラタロウ
日頃から学校教育に疑問を持つ子猫。
カン太郎
島内のスパイ活動組織の
幹部猫。

田代島って？

宮城県にある、面積3・14㎢のちいさな島。
人よりも猫の数のほうが多く、通称「猫の島」と呼ばれている。
島の中心部には猫を神様として祀っている「猫神社」があり、
世界中の猫好きの聖地として人気が高まっている。

［アクセス］

電　車→JR仙台駅からJR石巻駅まで、快速で約60分。
その後、フェリー（網地島ライン）で約40分。

自動車→三陸自動車道で仙台東ICから石巻河南ICまで、約40分。
その後、フェリー（網地島ライン）で約40分。

ども、ねこ太郎(たろう)です

どもねこ太郎です

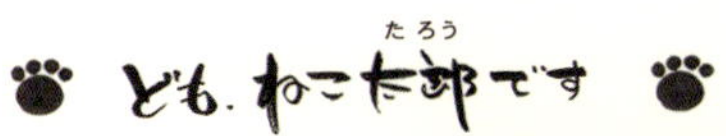
ども、ねこ太郎です

そんな猫たちの日常を
ある一匹の猫を中心に
お届けします
ヒョコ
ども！ねこ太郎です
田代島観光大使（自称）
ねこ太郎
ぬん！
オイラの仕事ぶりを
ご紹介しましょう
キリッ
おネエさん
お勧めのツアーが
あるよ！
広報活動
のら猫体験ツアー
なんかどう？
残飯つき！
いえ、
けっこうです

ども、ねこ太郎です

コーフンするとマユゲが生えちゃうのだ

ども、ねこ太郎です

連日のお酒の接待
今日も二日酔いなのです

うぷっ
アタマイテ〜

お水もう一杯！
・・・・

とまぁそんなわけで
どんなわけ？

みなさ〜んひとつ〜
ブル
ブルブル
？

よろぴくね〜ん
べぇ〜
マジメにやれ！

春の海

ぬむ〜
退屈だな〜

お！
やるぅ〜
春の海にサーファーが乗り出してんじゃん！

まだ海は冷たいぞ！
よ〜よ〜
無理すんなよ！

アハハ！ひっくり返ってやんの！
ザァ〜ミロ〜

意地悪 ねこ太郎

猫に現金

オイラお金にはうるさいよ

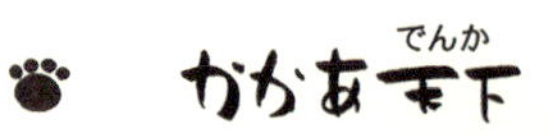
かかあ天下

う〜む
なかなか
いいオチが
思いつかんな〜

アナタ〜！
何やってんの〜！
ねこ太郎の
奥さん
クロエ

洗濯と掃除は
終わったの？
あれ？美容室から
もう帰ったの？

今日はカットだけ
だから早いのよ！
皿洗いは
やったの？
ピョン
まだ・・・
ちょっと

かかあ天下

何これ！お金にも
なんない猫マンガ
描いてんじゃ
ない
わよっ！
い、いや～

なんなら帰ってこなく
ても…あっウソウソ

大物ねこ太郎

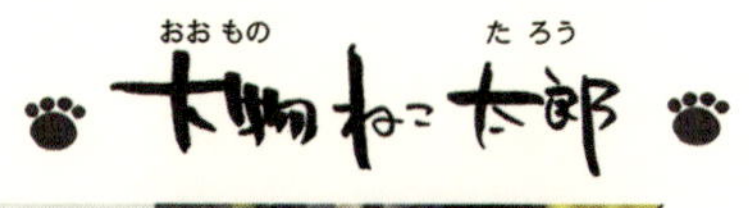
大物ねこ太郎

なんだ ないのか
ごめんね

わけがあるんですよ ねこ太郎さん
どんなわけなの？

猫にエサをあげないよう島で呼びかけてるんです
そうなの？

さらに今の不景気が民衆の財布を引き締めているのです
ふ～む

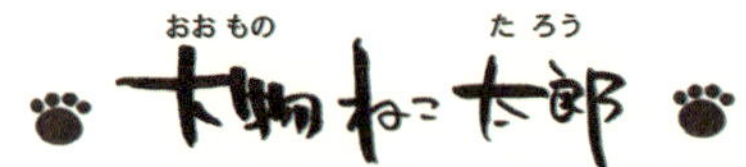
大物ねこ太郎

なんとそこまで
政治と経済が疲弊してるとは

もはやねこ太郎さんの政治力を頼るしか・・・
うむ！まかせなさい！

よろしくです！
うん！首相に言っとくよ！

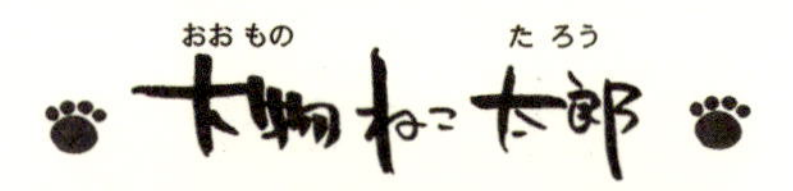
大物ねこ太郎

しかし首相は言うこと聞きますかね？
ん？

すでに官僚の言いなりという噂ですが・・・
フフフな〜に

言うこと聞かないなら首相の座から
ひきずり降ろすよ
アンタ何者？

オイラ本気だよ（真顔）

オトナの世界

スタスタ
ねこ太郎さん こんにちは～

何か？
キッ
あら？厳しい表情ですね？

うむお主 よくぞ気づいた！
あれ？エラそう？

オイラは長年 のら猫として 生きてきたが
ついに一匹の オトナとして

オトナの世界

オトナの世界

あ～もちもち
チミたち
金目のものは
持っとるカネ？
わ～オヤジギャグだ

ナデナデ
チミはなかなか
いい時計をしとるね
は
恐縮です

「なで代金」として
頂くのでそのつもりで
ええっ！

そ～っ
私もなでて
いいですか？
ん？

オトナの世界

ならぬわっ！
わっ
ひえ〜

金目のものを持たぬ奴は
ひえ〜
なでてはならぬのだ
こわ〜

あの 私 土地なら少々・・・・
なぬ？

チミねそれを最初に言えばよいのだよ
その土地とやらの

オトナの世界

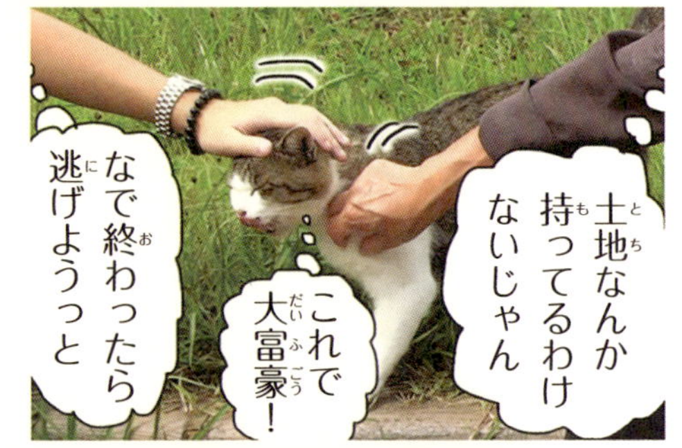

誰だ？　猫に小判なんて言う奴は

はなこの教育

はなこ
彼女はとても忙しい

そうです どれくらい
忙しいかというと

このとおりです
ニャー ニャー
ムチュー

しかしこの子猫たち
実は・・・・

親戚の子たちなのです
おばさ〜ん 遊んで〜

おばさんじゃなくて おねーさんね！
キッ
は はい

はなこの教育

チビちゃん
よくお聞き

なぐさめて
くれるの？

おばちゃんじゃなくて
おねーさんね！

キッ

……

き…教育か？

はなこのこだわり

はなこは今日も
子育てに忙しい

さあ毛づくろいしましょうね〜
おとなしくせんか!!
めんどくさ〜!!
やだ!やだ!

親戚の子の場合
ジタバタ
ヤダヤダ
じっとしててね〜

ストレスがたまることもある
ジタバタ
ヤメロー
危ないから暴れないでね〜

グエッ!
ビシッ
あ!

う〜ん効いた〜
クラクラ〜
ごめんねおばちゃん

キッ
おばちゃんじゃなくておねーさんね!
は　はい

はなこのこだわり

聞き分けの悪い子供もいる
さ！朝ですよ～
起きないと学校遅れるわよ
ムニャムニャ
あと5分

わがまま言わないの！
ねむいよ～
いいだろおばちゃ～ん

おばちゃん？
ムカ
?

おねーさんとお言い！
どっちでもいいじゃん！

はなこのこだわり

子猫はこうして大人になっていく…

コラム

ねこ太郎という野良猫

田代島を初めて訪れた時は衝撃でした。

それまでの「野良猫」に対するイメージは「警戒心が強く、車を避け、オドオドしながら周りの様子をうかがって歩く」というような、ちょっと悲しげなイメージでした。

ところが島の猫たちは人が近づいても身じろぎもせず、車道の真ん中を堂々とのし歩き、観光客と見れば近づいてエサをねだりはじめます。

そして中でもねこ太郎は人一倍、いや、猫一倍声を張り上げ、観光客に駆けより、荷物の中をのぞき込み、スキをみては荷物や服にマーキングスプレーをしはじめる始末。とても野良猫とは思えない傍若無人ぶりです（笑）。

そしてこれは、ねこ太郎の生来の性格だけではなく、島の豊かな自然とそこに住む人々の、猫に対するおおらかさという環境が育んだものなのだと思います。

ねこ太郎は現れるべくして現れた、田代島を代表するような野良猫だと思います。

田代島の春

花粉の脅威

田代島はとても自然豊かな島である
どーも、ねこ太郎です。
だが自然を決してあなどってはいけない

おや？
あれは？

かっ花粉だ！
危険だっ！

このままではまずい逃げなきゃ！
ワナワナ
そんなに？

花粉の脅威

田代の花粉はデカいのだ!!

現金な猫

写真を撮らせて下さい
ん？

ベロ〜
変ガオを撮らせてやるよ
ベロベロ〜

普通の可愛い顔がいいです
遠慮なんてすんじゃねーよ

現金な猫

金のない奴に用はない by ねこ太郎

1万円なら
まけてもいいぞ

ほくろちゃん

ほくろちゃん

ねえねえ あれ見て
ん？何？

妖精さんが飛んでるわ
どこ？
え？え？

妖精さんがダンスを踊ってるわ！
いやどこにもいないし・・・・

すごくおいしそう！
食べるの？

ほくろちゃん

ほくろちゃん

あとお金持ちになりたい！
UFOいないし…
おいおい

あっ！
ん？

UFOから宇宙人が降りてきたんだけど
それがすごく
見えないけど…
どした？

おいしそうなの！
…
ペロ
やっぱり食うのかよ…

…………

ほくろちゃんの提案

観光大使(自称)として
新たな観光の目玉を
考えたい
ところだが

まったく何も
思いつかん

ねこ太郎大使閣下!
このほくろめに
名案があります!

おっ!
ほくろちゃん
ぜひ聞かせて
くれたまえ!

ほくろちゃんの提案

ほくろちゃんとは会話にならない…

ザ・コーチ

くっそ～悔しいな～
目の周りはれてるぞ

次のボクシング大会は絶対優勝してやる！
何か方法はあるのか？

ボクシングコーチを雇ったのだ！
スゲー
なにっ！ホントか？

ザ・コーチ

おはよ〜！
あ！コーチ！

準備はいいかな？
はいっ！
どもコーチのねこ太郎です

まず基本のパンチを教えよう
この石ころ使うの？

腰を入れて横から

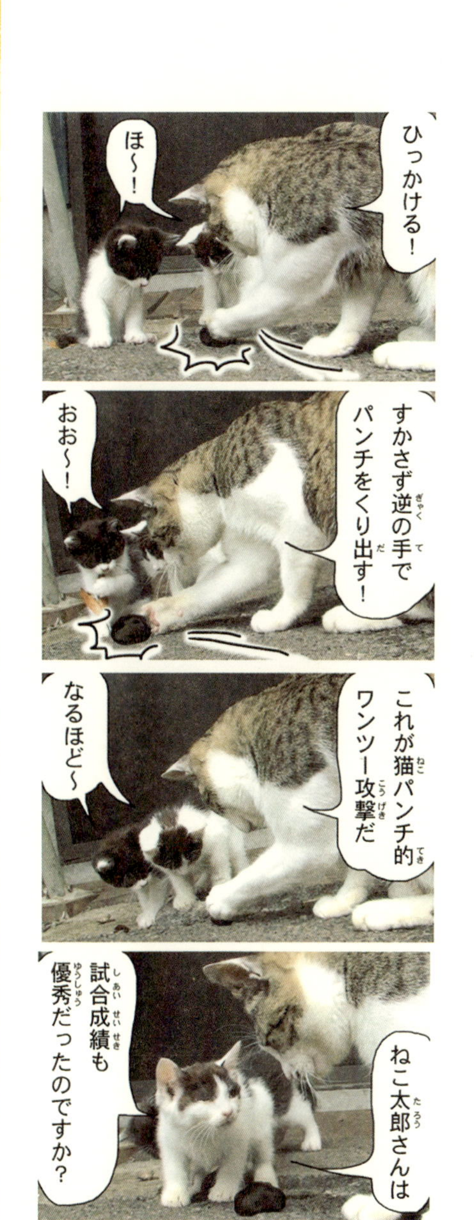
ひっかける！
ほ〜！
すかさず逆の手でパンチをくり出す！
おお〜！
これが猫パンチ的ワンツー攻撃だ
なるほど〜
ねこ太郎さんは
試合成績も優秀だったのですか？

ザ・コーチ

なかなかいい質問だ
オイラはのっぴきならない深い理由によって
今まで一度も
ボクシングをできないでいるのだ

どうしようもない深~い理由があるのだよ
深い理由とは何なのですかっ?

同情を誘うようであまり言いたくはないのだが・・・・
ぜひ教えてください!

オイラが試合をできない理由とは
理由とは?
ゴクリ

怖いからだ!
・・・・
キリッ

黄色いワイン

自称観光大使のオイラが
このたび島の目玉商品を考えました

今日は妻に
意見を聞きたいと思います
妻・クロエ

何か用？アナタ
うん

新しいワインを考えたんだ
ワイン？

黄色いワイン

その名も「田代の黄色いワイン」
黄色？
フフフ

白ワインにタクアンを入れたのだ
ギョッ

タクアンはつまみとして
食べることができるという優れものだ！

黄色(きいろ)いワイン

お客さまにはこう売り込むのだ
いらっしゃいませお客さま！

お客さまワインは
赤にしますか？
白にしますか？
それとも・・・

田代の
ニカッ
黄色でございますか？

黄色いワイン

イメージはいまいちだけど
肝心の味のほうはおいしいの？

このワインの味を表現するのに
うってつけの格言があるので紹介しよう

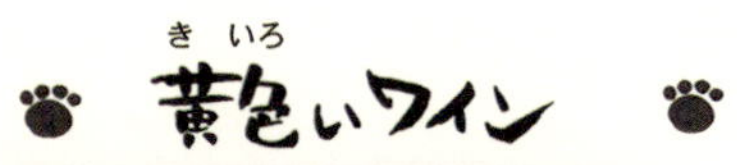
黄色いワイン

このワインはとても体にいいので
お酒というより

まさに良薬！といえるのだが
良薬は・・・

口に苦し！
ニガイ！
だめだろっ

妻はキビシイ…

安くしてもだめ？
ダメ！
ピュ〜

▲山から出てきたタヌキのようなねこ太郎。

田代島寫眞館

▲ねこ太郎の娘という噂もある、ほくろちゃん。たしかに似ている。

▲はなこ。ふっくらしすぎて別猫のよう。

▶クロエ。夏毛が短すぎて別猫のよう。

▼変顔で出迎えてくれる、仁斗田の港のねこ太郎。

コラム

島一番の放浪猫・ねこ太郎

ねこ太郎はその生涯で住みかを何度も変えています。最初は生まれ育った仁斗田の港にいました。そこで奥さん猫のクロエと出会います。クロエとは本当に仲良しでいつも一緒でした。

しかし震災の津波の後、ねこ太郎夫婦は島の避難所となった公民館のある隣町の大泊地区へ移り住みます。そして、それまでほとんど猫のいない地区だった大泊で、たくさんの子猫をつくりました。今や大泊地区はねこ太郎の子孫だらけです。

ところが、ねこ太郎は奥さんに子育てを任せっきりにして島を放浪する生活をはじめます。山の方へ移り住んだり猫神社へ移り住んだりしながら、あちこちの雌猫と浮名を流します（笑）。

最後はクロエのいる大泊へ戻ってくるのですが、本当にアクティブで自由奔放すぎる放浪猫なのでした。

田代島(たしろじま)の夏(なつ)

ザ・ナンパ

?
え？あなた
どなた？
メス猫に声をかけられた ねこ太郎

通りすがりのユミよ！
お兄さん遊びましょ！
え？

ヒマなのよ
楽しくやり
ましょ！
逆ナンか…

お兄さん
イイ男ね～
デヘヘ
そうかい？

ザ、ナンパ

まずおいしいもの食べに行きましょ！
イイネ！イイネ！

そしてそのあと・・・
ウヒ！くすぐったい！
ゴニョゴニョ

ウヒヒくすぐったいよ
やめれやめれ
夢見中のねこ太郎

ニャハハ
アハハくすぐったいよやめれって！
まだ夢見中・・・・

ザ・ナンパ

もう食べれないよ・・・
ムニャムニャ
さらに夢見中・・・・

ハッ

にゃんだ夢かぁ～
つまらん！

オスのオイラとしては発情したわけで

ザ、ナンパ

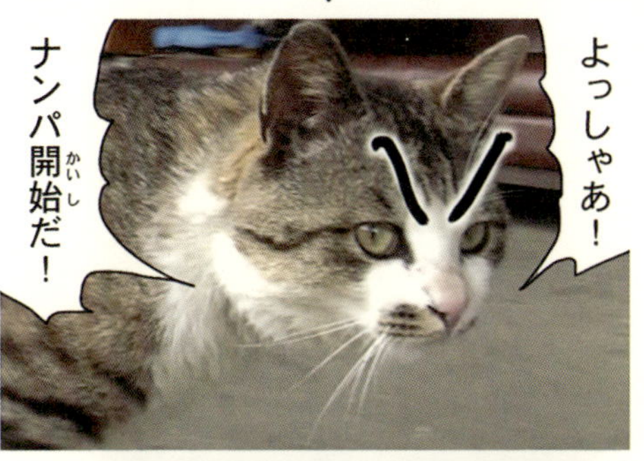
よっしゃあ！
ナンパ開始だ！

匂いでわかる～
メス猫の場所～っと

おっ！
いた！

ひげ模様が
オスっぽいけど
紛れもないメス猫！
何か？

ザ・ナンパ

う～む
あの風貌から察するに紳士的に声をかけるべきだな

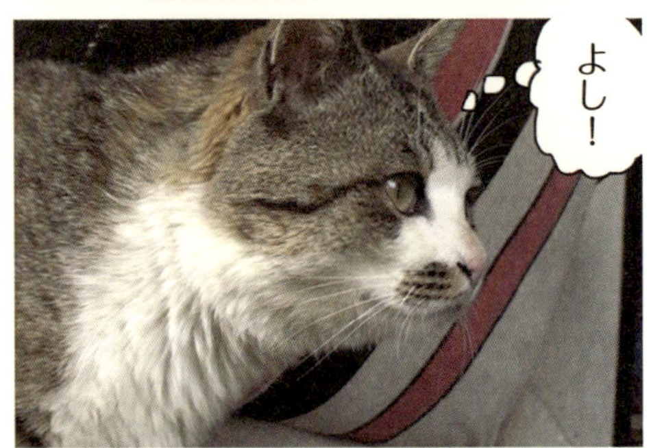
よし！

お嬢さん お茶でもご一緒しませんか？
キリッ

アタシ気取った男は嫌いなの
ガクッ

ザ・ナンパ

しまった！読みがハズれた！
うーむ

どんなタイプが当たりだろう？
何考えこんでんの？

紳士が嫌いということは…

そうかっ！わかったぞ！
よーし！

ザ、ナンパ

え？ 妻に言いつける？ そ、それだけは…！

酷暑にて

酷暑にて

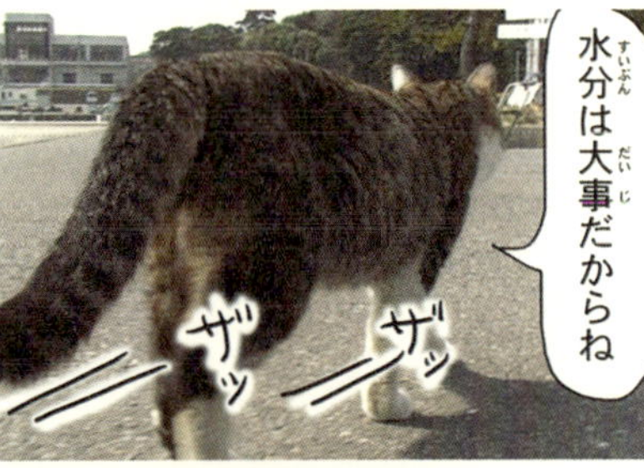
水分は大事だからね
ザッ
ザッ

オイラは腹をくだしやすいのだが

飲みすぎなければ大丈夫なのだ!

誰も見てませんね?
キョロ
キョロ

ねこ太郎ともあろう者が

水をむさぼる姿を見られるわけにはいかんのだ!
キリッ

よし!誰もいませんね!
ウシシ

さ!飲むぞ!
ガバッ

酷暑にて

うまそうだ
ゴクリ

おなか壊しちゃ
まずいから
ちょっとだけね
ピチャ
ピチャ

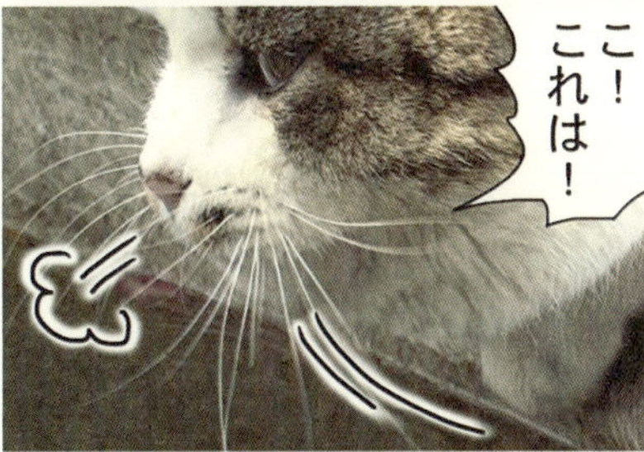
こ！
これは！

うますぎる！
ピチャ
ピチャ
ピチャ

ととと
止まらん！
ピチャピチャピチャ
ピチャ
ピチャ

ゴクゴクゴク
ウメー！
ピチャ
ピチャ
ピチャ
フンガー！

うっ！
イカン！

ついつい
飲みすぎちゃった・・・

酷暑にて

オイラの舌は長いと評判だよ

伝統儀式

島猫たちの間には
ある伝統儀式が存在する

日照り続きの夏に行われるという
雨乞いの儀式である

モン次郎さんやりますか?
そうだねタマ美さん

でも以前にねこ太郎さんに聞いた話では
うん犠牲者が出るらしいね

伝統儀式

しかしみんなが集まっている今こそやるべきだ
犠牲は覚悟のうえだ！

はじめっ！

雨乞いの儀式
ブンッ
ドンドンドンドン
ドンドンドンドン

それは雨乞いしながら踊り狂い続けるという
単純だが精神的に危険な儀式である

伝統儀式

何が危険かというと
サッ
雨降れ～！

どこからか聞こえてくる太鼓の音と
ドンドコドコドコ
ブンッ
あまりに激しい上下左右の動きによって

精神の崩壊を招くことがあるのだ
雨降れ～！

雨降れ～！
ドンドコドコドコ
バッ
クルッ
ハンニャカハラミタ！

伝統儀式

そして精神に異常をきたした者は
「犠牲者」と呼ばれる
ビュンッ
ヒュッ

中には危険を感じて
ヤバイなこの儀式
うへ～

ピョン
うわ～飛んじゃってる
途中で抜け出す者もいる

早く帰って大相撲中継見ようっと
しかし

伝統儀式

今回も犠牲者が
ぬぼ〜
出た！

過去の辛い出来事を一気に思い出す者
あたしの人生これでいいんだろうか？
ショボン

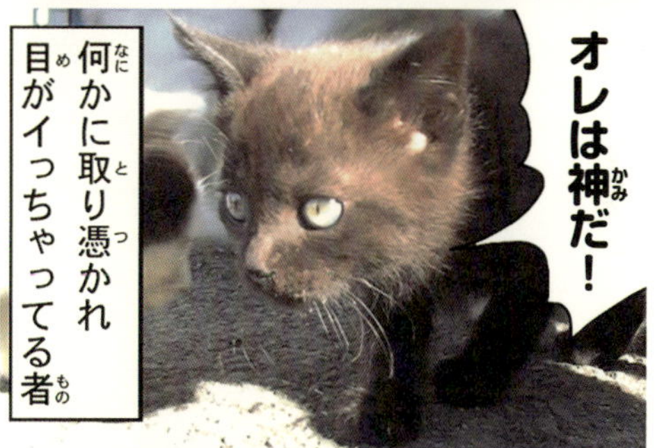
オレは神だ！
何かに取り憑かれ目がイっちゃってる者

何が何だかわからない状態の者
なんだと！
キサマはパイナップルなのか？

さらば尊い
犠牲者たちよ…

パトロール

オイラの一日はパトロールから始まります
ども ねこ太郎です

今朝は何やら朝から物音がしておるのです
そ～～っと

ほう 隣の奥さんがゴミ出しをしてるのか
感心感心

ぬわっ!
生ゴミとプラゴミを一緒にしてる!

パトロール

奥さ～ん 生ゴミとプラゴミは
あさりやすいように分けて出しましょう！

エヘヘヘヘ
分けてる分けてる
よしよし

ああっ！奥さん！
網はかけちゃダメでしょ～！
ウルサイ！

パトロール

そんなことより
パトロールだ

むむっ！
匂（にお）う！
クン
クン

これは間違（まちが）いなく
あいつの匂（にお）いだが

この辺（へん）にはもう
いないようだな
どんな猫（ねこ）なの？

パトロール

どんな奴ってそれはもう
恐ろしい奴でして
ほう

特にそいつの顔ときたら
信じられないくらいに

丸顔なのです
アンタが言う?

とりあえず怪しい奴はいないようだから
サッ

パトロール

これがホントのドロボウ猫

田代島寫眞館

▼珍しくリラックスしているエレナさん。

▲放浪中にもらったカリカリをむさぼり食うねこ太郎。

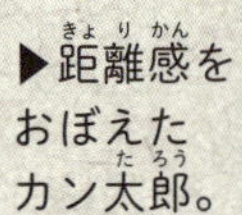

▶距離感をおぼえたカン太郎。

▲港から山の方向へ放浪するねこ太郎。

▶平和を満喫しているマロ。

▲アホ顔の三太郎。

▼放浪中にマーキングをするねこ太郎。

コラム

デカかったねこ太郎

島猫たちは、ときどき観光客からお弁当のおすそ分けなどをもらったりします（観光客のエサやりは控えるよう島では呼びかけています）。実は「伝統儀式」の猫たちはそんな時の猫たちの様子です。

この時は猫たちが集まりすぎて観光客の方も足の踏み場もないほどでした。たまたまねこ太郎はいなかったのですが、もしいたら、きっとしつこくつきまとわり続けたに違いありません。

ねこ太郎は、島の人たちからもらうエサも、他のどの猫よりも最後まで食べ続ける食欲旺盛な猫でした。そして「酷暑にて」の時のように水もたくさん飲む猫でした。

そのせいかねこ太郎は人一倍、いや、猫一倍体の大きな猫でした。そしてなぜか顔も大きな猫でした（笑）。

田代島の秋と冬

猫舌みくじ

猫舌みくじ一回百円だよ～
猫舌みくじ
お！

お客さん試しにやってみんかね？
やります！

ではオイラが首を振るから
好きなタイミングでストップと言いなさい

ブルン
よ～しえ～とじゃあ・・・・
ブルルン

猫舌(ねこじた)みくじ

ストップ！
ピタッ
んべー
ガーン
ざんね～ん凶でした～

だが絶望するでないぞ
このみくじは二度目も
有効であるぞよ
じゃあ
やります！

よ～し今度こそ
ブルブル

猫舌みくじ

もう1回やる？

スポーツの秋

う〜ん
グ〜ン
のび〜
トップアスリート猫
エレナ・スコビッチ

いよいよ来たわね
のび〜
ピーン

スポーツの秋！
ピッ

おや？あそこで変な格好してるのは
トップアスリートのエレナさんでは？

スポーツの秋

エレナさん寝っ転がって
何やってんすか〜?
ノー天気猫　三太郎

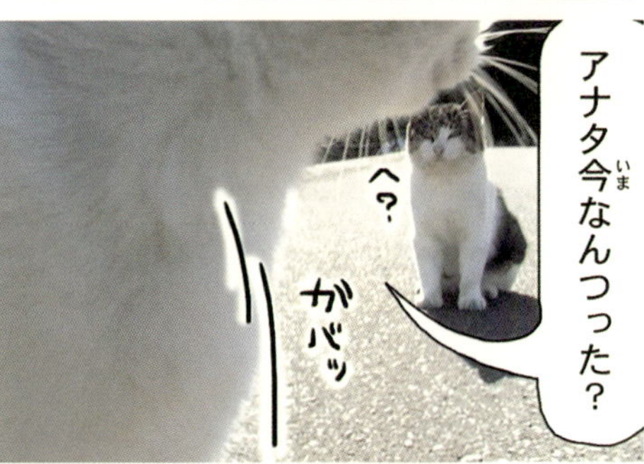
アナタ今なんつった?
へ?
ガバッ

このアタシをトップアスリートと知ったうえで
何か?

「寝っ転がる」って言ったね?
アンタ?

アナタもストレッチ
くらいしないと早死に
するわよ
ガーン
ヒョコ
マジ？

急に体を動かすと足が
つったりギックリ腰に
なるのよ！
しょぼん
アナタも早速
やりなさい！

スポーツの秋

とりあえず首の回転からやりなさい
はい！
クル
クル

さてと
そろそろはじめようかね

どう？アナタも・・・・
あら？

どしたの？
アタタ・・・
こ腰が・・・・

スポーツの秋(あき)

動かなくなっちゃって・・・
イテテ
これだからシロートは困るのよ
フンー

エレナさん何とかして～
トップなアスリートにシロートをかまうヒマはないのよ！
スタスタ

さてと
走ろうかね
ダダダッ

ガクッ
アダッ！

スポーツの秋

アタタタッ！
足が！足が！
つった！つった！

しかも両足が
アダダダ
助けて〜
つった！

誰かになんとか
してもらわなきゃ！
ジタバタ

ハア〜やっと治った
クウ〜
スタスタ
そこのアナタ！

スポーツの秋

因果応報とか
カルマとかそういうの

平和を愛する猫

平和を愛する猫
マロでおじゃる
麻呂眉のマロ

マロはありとあらゆる手段を使って
ん？
平和を守る

ベンチの上に見慣れぬ荷物が
あるでおじゃる

なんか気になるとても気になる
じぃ〜っ
マロの心の平和が乱れてきたでおじゃる

平和を愛する猫

危険な平和だな

名作

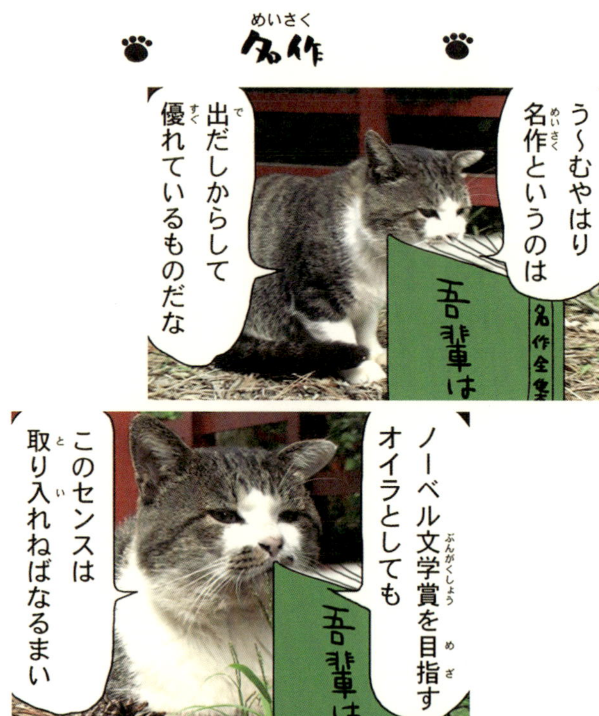
う〜むやはり
名作というのは
出だしからして
優れているものだな
吾輩は
名作全集
ノーベル文学賞を目指す
オイラとしても
このセンスは
取り入れねばなるまい
吾輩は
え〜我輩は
ねこ太郎である
ふんふん

名前は
まだない
あるだろ!

深い意味はない!

教育問題？

教育問題？

俺今の教育は
間違ってると思うんだ！
なっ！何を

甘ったれたことを
ガバッ

言っちょるのだ〜っ！
ガブッ

じゃあさ兄ちゃん！
微分積分とか過去完了形とか下二段活用とか

教育問題？

大人になってから
何の役に立つっていうんだ？
バカヤロー！
女手ひとつで育ててくれてる母ちゃんに悪いと思わないのか！

そっかじゃあ母ちゃんに聞いてみるよ
ああそうしろ！

母ちゃんなら何かわかるよね？
そうだとも！

教育問題？

子猫はこうして大人に
なっていく…その2

足りないもの
新しい情報が入ったのか？
スパイ組織幹部 カン太郎
最新の情報をつかみました！
よし！聞かせてくれ！
お梅ばあさんの家から残飯が放出されました！
うむ！グッジョブ！
ペロリ
ところで相談があるんですが
ん？何だ？

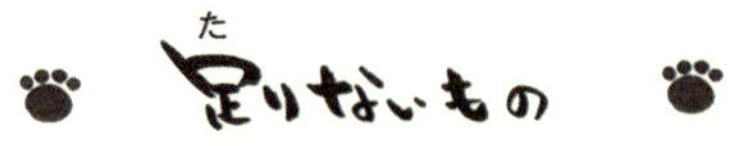

足りないもの

オレはもっと評価されていいはずです！

しかし君にはまだ足りないものがある

この猫オイラに似てるなぁ…

こたつ猫現る！(ねこあらわ)

こたつ猫現る！

何だ？
あれは？
じぃ～っ

ケンカ慣れした
オレ様だが
片目を怪我した今
怖れを感じずには
いられない

じぃ～っ
何者だ？

見るからに
只者じゃない
絶対ヤバイ！

こたつ猫現る！

ザ・ナンセンス

朝のお参り

猫神さま
ねこ太郎で
ございます

今日も世のため
人のため
清く正しく働きます

なにとぞ猫神さまの
ご加護を
よろしく
お願い申し上げます

よし!
やるか!
キリッ
ちょっと待て!

え?
ダメなの?

遊んでみた

田代島の港にいた
ねこ太郎と

遊んでみたことが
ありました

え？こんな
子供だましで
遊ぶつもり？
ホーラ
ホラ

仮にも観光大使（自称）で
閣下とも呼ばれる
このオイラが
カオに
かかっとるね

遊んでみた

遊んでみた

遊んでみた

遊んでみた

ねこ太郎閣下をなめるんじゃないっ！
ガシッ

こうだ！こうだ！
がブッ
ガブッ
典型的な信用ならない猫

なかなかいい動きだ！うちのチームに来ないか？
なんのチームだよ

おしまい

こたつ猫

「猫島」と呼ばれる島は、田代島の他にもいろいろあると思いますが、他の猫島の猫に比べると「ワイルドな風貌（小汚い）」「ケガや病気が多い」「短命」という印象があります。そしてそれは、冬が長い東北地方の厳しい自然にさらされていることが大きな原因のような気がします。毎年冬の訪れとともに「無事に冬を越してくれよ〜」と願わずにいられません。

もしねこ太郎にこたつを与えたら？

ねこ太郎がこたつの味を知ってしまったら？

きっとこたつで丸くなるのではなく、こたつと一緒に島を放浪するに違いありません（笑）。

神社のねこ太郎

田代島は数ある猫島の中でも「猫を神として祀る島」という特別な島だと思います。

「猫を大切にすれば大漁が続く」と言い伝えられ、島の中央に「猫神社」が大切に守られてきました。

しかし数年前まで猫神社で猫の姿を見かけることはなく、ましてや居つくなんてこともありませんでした。ところが震災後、ねこ太郎が猫神社に居つくようになったのです。

そしてそれを境に猫神社には次々と猫がやってくるようになりました。

「ねこ太郎はもしや猫神様の化身か?」などと思いたいところですが、実際は「観光客は必ず猫神社を訪れる」と知ったねこ太郎が、エサをねだるために居ついたというのが本当のところでしょう。

「悪知恵」の働く、ねこ太郎らしい行動かもしれません(笑)。

あとがき

2016年の春に、ねこ太郎は虹の橋を渡り猫神様となりました。
推定で8歳位でした。
平均年齢が4・5歳とされる島の猫としては長生きだったと思います。
ねこ太郎を追いかけながらブログで猫マンガを描き続け、
読者の皆さんから「笑った」「癒された」などの言葉を頂きました。
しかし、島の猫たちに一番笑わされて癒されてきたのは
私自身だったのかもしれません。
それもこれもねこ太郎たちのお陰です。
この本を持って猫神社へ行き、自称観光大使のねこ太郎に敬意を表して
「閣下！　閣下が本になりましたよ！」
と感謝を込めて報告したいと思います。
そしてもうしばらくはマンガの中でだけでも、
ねこ太郎や島の猫たちと遊んでいきたいと思います。

今回の書籍化にあたって、
長い間ブログなどでこのマンガを応援し続けてくださった
読者の皆様に真っ先に感謝したいと思います。
また猫マンガを描くきっかけをくださった猫パンチTVのURAEVOさん、
書籍化のきっかけをくださった猫マミレさん、
担当編集として色々とご指導とご尽力をしてくださった滝広さん、
編集部や販売部の皆さん、センス溢れる装丁をしてくださった
あんバターオフィスの千葉さん、本当にありがとうございます。
それから、作中のクロエとは違い、毎回楽しんで撮影を手伝ってくれて、
猫マンガを描き続けるよう励ましてくれた
妻に感謝したいと思います。ありがとう。

2017年2月

ねこ太郎

またね!

装幀・本文デザイン　千葉慈子（あんバターオフィス）
編集　滝広美和子

田代島ねこ便り

2017年3月3日　初版第1刷発行

著者　ねこ太郎

発行者　岩野裕一

発行所　株式会社実業之日本社
〒153-0044 東京都目黒区大橋 1-5-1
クロスエアタワー 8F
【編集部】TEL：03-6809-0473
【販売部】TEL：03-6809-0495

印刷・製本　大日本印刷株式会社

©Nekotarou 2017 Printed in Japan

本書の一部あるいは全部を無断で複写・複製（コピー、スキャン、デジタル化等）・転載することは、法律で定められた場合を除き、禁じられています。また、購入者以外の第三者による本書のいかなる電子複製も一切認められておりません。
落丁・乱丁（ページ順序の間違いや抜け落ち）の場合は、ご面倒でも購入された書店名を明記して、小社販売部あてにお送りください。送料小社負担でお取り替えいたします。ただし、古書店等で購入したものについてはお取り替えできません。
定価はカバーに表示してあります。

http://www.j-n.co.jp/
小社のプライバシーポリシー（個人情報の取り扱い）は上記ホームページをご覧ください。

ISBN 978-4-408-41449-2（第二漫画）

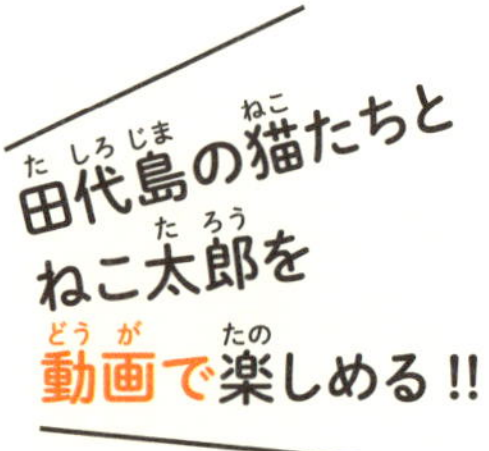

DVD『田代島ねこぱらだいす』
1巻2巻好評発売中。

公式サイトにサンプル動画があります。
http://senneco.jimdo.com
田代島ねこぱらだいす　検索

☞DVDのお問い合わせ先
(有)スカイモーションピクチャーズ
sky-motion-pictures @ s2.dion.ne.jp
メール大歓迎! 24時間いつでも受付! お気軽にどうぞ。